Réclam. admin. 24 Déc. 73

PRINCIPES
DE
DESSIN LINÉAIRE

TROISIÈME ÉDITION MODIFIÉE & AUGMENTÉE

ENSEIGNEMENT MÉTHODIQUE

Préparant à tous les genres : à la main, à vue et sans instruments

Par A.-J. CRESSON

Professeur à l'École d'Artillerie et au Lycée de Rennes

CHEVALIER DE LA LÉGION-D'HONNEUR

TEXTE

Ouvrage honoré d'une médaille à l'Exposition nationale de Nantes.

Cet ouvrage qui, selon les expressions du Rapporteur de la Commission scientifique chargée de l'examiner, *peut rendre des services réels dans les établissements d'instruction secondaire*, n'est pas moins utile dans toutes les écoles primaires, puisque le chef ouvrier et même l'ouvrier ont besoin du dessin comme l'ingénieur et le propriétaire qui les emploient.

A RENNES, chez l'Auteur et chez les principaux Libraires.

1873.

PRINCIPES

DE

DESSIN LINÉAIRE

TROISIÈME ÉDITION MODIFIÉE & AUGMENTÉE

ENSEIGNEMENT MÉTHODIQUE

Préparant à tous les genres : à la main, à vue et sans instruments

Par A.-J. CRESSON

Professeur à l'École d'Artillerie et au Lycée de Rennes

Chevalier de la Légion-d'Honneur

TEXTE

Ouvrage honoré d'une médaille à l'Exposition nationale de Nantes.

Cet ouvrage qui, selon les expressions du Rapporteur de la Commission scientifique chargée de l'examiner, *peut rendre des services réels dans les établissements d'instruction secondaire,* n'est pas moins utile dans toutes les écoles primaires, puisque le chef ouvrier et même l'ouvrier ont besoin du dessin comme l'ingénieur et le propriétaire qui les emploient.

A RENNES, chez l'Auteur et chez les principaux Libraires.

1873.

CONSEILS

Dans le courant du texte qui va suivre, nous indiquons les grandes planches qui pourront servir de modèle suivant les exercices à faire; mais le texte relatif à ces grands modèles est à la fin de la méthode.

Au fur et à mesure que le maître emploiera des expressions géométriques, les élèves devront être mis à même de le comprendre. La planche 1re des petits modèles est faite dans le but de leur rappeler les leçons sur ce sujet.

Il faut donner aux élèves les conseils suivants et les leur rappeler souvent :

Les crayons doivent être taillés en pointe très-allongée et très-fine; il ne faut pas les tenir trop près de la pointe, et lorsqu'ils deviennent plus courts que 8 cent., il faut les mettre dans le porte-crayon.

Les cahiers de papier transparent, contenant au plus six feuilles, seront bien cousus au dos.

Pour calquer, on passe le modèle sous la première feuille blanche du papier transparent, de manière que le titre, PL.**, aille toucher le dos du cahier ; on passe ensuite la pointe du crayon sur tous les traits qu'on aperçoit à travers le papier. On commence toujours par calquer le cadre, on passe ensuite à la partie haute du modèle, et on finit par le bas, absolument comme pour une page d'écriture.

Le tracé doit se faire de haut en bas, comme lorsqu'on fait un plein d'écriture , et de gauche à droite, comme lorsqu'on barre un *t*. On change autant qu'il est nécessaire la position du bras ou du papier, afin de tracer dans la direction voulue sans être gêné.

Les traits du crayon doivent être obtenus sans appuyer, très-fins et très-légers (1).

Avant de passer à l'encre, il faut retirer le modèle.

On passe à l'encre avec une plume fine, un peu dure, mais ne coupant pas le papier. On la tient toujours de manière que le dedans soit tourné du côté où se dirige le trait.

Les traits à l'encre ne doivent jamais dépasser leurs limites. On les trace comme ceux au crayon, en allant de gauche à droite et de haut en bas.

Les traits à la craie sur les tableaux noirs se tracent de même, et aussi légers que possible, en employant les angles de la craie.

(1) Il est extrêmement important que les élèves fassent des traits fins, soit au crayon, soit à l'encre, soit à la craie; pour assurer leur main dans le tracé à la craie, ils peuvent toucher le tableau avec l'un des doigts (l'annulaire) de la main qui trace.

Dans le tracé des grandes lignes sur le papier, il faut que tout l'avant-bras porte sur la table, et soulever un peu le poignet qui doit glisser et tourner autour du point d'appui du bras, lequel est situé près du coude, le petit doigt touchant le papier pour assurer la main. Si dans cette position et dans ce mouvement, ni les doigts ni le poignet ne plient, le crayon décrit un arc dont le rayon est à peu près égal à la longueur de l'avant-bras ; et pour tracer la corde de cet arc sur une longueur de 25 à 30 cent., il suffira de plier un peu les doigts à mesure qu'on arrivera vers le milieu, et de les allonger ensuite à mesure qu'on s'avancera vers l'autre extrémité. Ce mouvement est très-simple et très-facile : les élèves devront calquer les grandes lignes de la planche 1 en s'y prenant comme nous venons de l'indiquer; ils y parviendront très-vite s'ils ont soin de tourner leur papier de manière que la droite à tracer soit sous la corde de l'arc que le crayon trace naturellement dans ce mouvement.

Utilité du dessin. — But de la méthode.

Nous n'avons pas besoin d'exposer longuement l'utilité du dessin ; toutes les nations civilisées s'efforcent à grands frais d'en développer l'enseignement; on en comprend bien l'importance, non seulement pour toutes les constructions et les produits artistiques, mais aussi à cause du secours précieux qu'il apporte dans l'étude de toutes les sciences.

Cet ouvrage traite principalement du dessin à main levée ou à main posée, à vue et sans instruments; de tous les genres, c'est le plus employé, parce que bien souvent on manque d'instruments ou de temps, ou qu'un dessin plus exact n'est pas nécessaire.

Ce langage universel, rapide et plus clair que tout autre, qui permet de décrire en un instant un objet imaginé ou existant, devrait être connu de tous, des plus grands comme des plus petits, et l'on est heureux de penser que ce savoir, en quelque sorte indispensable, est à la portée de toutes les intelligences, de toutes les positions.

L'enfant qui commence à écrire commence à dessiner; l'étude du dessin général à la main est plus longue, mais n'offre pas plus de difficultés que l'étude des caractères de l'écriture; elle est bien plus attrayante et doit commencer en même temps.

Donner, même aux plus jeunes enfants, le goût du dessin, une certaine habileté de main et surtout le coup-d'œil ou la faculté de voir et juger les formes, les grandeurs et les positions relatives des différentes parties d'un objet, tel est le but que je me suis proposé.

Pour l'atteindre, il faut rendre facile et peu coûteux l'enseignement de ce dessin dans toutes les écoles primaires des villes et des campagnes, et même dans les familles.

Pour étudier les formes et les proportions, il est évident qu'il faut opérer sur de grandes figures; sur celles-ci seulement, les imperfections s'accentuent très-visiblement et le maître peut facilement les faire remarquer à tous les élèves.

Les corrections doivent être faciles; il faut que l'élève puisse faire et refaire un tracé sans que les traces du travail précédent soient pour lui une gêne, une cause de découragement.

Le travail à la craie sur les tableaux est bien évidemment celui qui convient le mieux.

Dans le travail au tableau, tous les principes, toutes les règles peuvent être exposés, enseignés à un grand nombre d'élèves réunis.

Le maître voit rapidement sur de grandes figures si ses conseils ont été compris et, corrigeant aux yeux de tous toutes les fautes qui se produisent, il appelle l'attention des élèves sur tous les points importants, et aucune remarque nécessaire ne peut être omise.

Ajoutons que ces études au tableau n'entraînent à aucune dépense, quelques morceaux de craie seulement.

Ceci bien établi et l'utilité de ces études reconnue, il faut que le maître donne des modèles à ses élèves; mais improviser des modèles et les bien traiter sur un tableau n'est pas toujours facile; cela, d'ailleurs, exige un temps plus ou moins considérable, et c'est à recommencer à chaque leçon.

Il est donc nécessaire d'avoir des modèles tout faits, imprimés en gros traits, enfin faits exprès pour cet enseignement. Ces modèles n'existaient pas, et c'est pour combler cette lacune que j'ai composé et fait imprimer la collection que je présente aujourd'hui à tous les maîtres et aux familles; elle est composée de 50 planches *demi-jésus*, 38 centimètres sur 55 centimètres, papier fort.

Chargé, pendant plusieurs années, d'enseigner le dessin aux élèves réunis des classes de 7e et 8e du Lycée de Rennes, je cherchai le moyen de les tenir tous constamment occupés; après plusieurs tâtonnements, je suis arrivé à faire choix d'exercices variés, à leur portée et toujours très-utiles.

En suivant la méthode qui m'était imposée par le nombre et l'âge de mes élèves, j'ai pu l'étudier, la modifier et la fixer. Alors, pour aider ceux qui pourraient se trouver dans la position d'enseigner ainsi à de jeunes commençants, j'ai fait imprimer cette méthode; elle est aujourd'hui à sa troisième édition; les deux premières ont livré 2,000 exemplaires; au concours qui eut lieu à l'exposition nationale de Nantes, une médaille lui fut décernée.

Le texte de la méthode donne l'ordre des exercices et le temps à consacrer à chacun d'eux; des exercices sur le papier suivent des exercices de même nature sur les tableaux. Les élèves apprennent, au moyen des tableaux : comment ils doivent s'y prendre, l'ordre à suivre et, autant que possible, à juger le résultat pour le corriger; ils sont alors préparés pour faire le même exercice sur le papier.

16 modèles in-8° jésus sont joints au texte pour les exercices sur le papier.

Ces 16 modèles, avec le texte d'une part et les 50 grands modèles d'autre part, forment deux parties séparées d'un même ouvrage, qui pourraient servir séparément, mais elles ont une bien plus grande valeur lorsqu'elles sont réunies.

Les modèles, grands et petits, peuvent servir comme des modèles ordinaires, mais ils ont été établis pour suivre la méthode.

Suite aux exercices élémentaires.

Plusieurs des grands modèles et aussi des petits ont reçu des cotes; ils peuvent ainsi servir à enseigner aux élèves à faire des dessins ou croquis cotés, et ces croquis leur donneront des exercices pour les constructions avec la règle, l'équerre et le compas (1).

Dans les classes nombreuses, il est bon que le plus intelligent et le plus adroit des élèves, préparé à cet emploi par le maître, exécute sur un tableau vu de tous les autres élèves le dessin qui est demandé; cet élève, que j'appelle le moniteur, met des lettres sur les différentes parties de son dessin; les autres élèves mettent les mêmes lettres aux mêmes places, et alors, sans se déranger, le maître peut indiquer à chaque élève la partie défectueuse de son dessin.

C'est surtout pour les constructions géométriques que le moniteur est utile; le maître, dictant les opérations à faire, peut bien ne pas être compris de tous; mais si le moniteur exécute devant eux, rien ne peut les arrêter.

Ainsi, après les exercices préparatoires à tous les genres, on peut passer au dessin géométrique et en étudier tous les principes sur les tableaux. Après l'usage des instruments, l'étude des tracés géométriques souvent employés dans les constructions, puis la théorie des échelles; ensuite la copie à une échelle quelconque de dessins ou croquis cotés de figures simples d'abord, puis de croquis ayant rapport à des levés de terrains, de bâtiments ou de machines, afin que la théorie des levés de toutes sortes pour figures planes puisse être donnée en même temps que l'étude de la mise au net d'un croquis coté.

La copie des croquis cotés, la recherche des cotes nécessaires à la construction des figures, enfin l'étude de la bonne disposition des cotes, tout cela pourrait être fait par tous les élèves à la fois, guidés et suivis par le professeur.

Ces exercices, dont l'utilité est évidente, seraient suivis de la copie à vue et à la main de dessins non cotés, et le professeur s'assurerait que les élèves ont fait avec succès les exercices précédents, en leur demandant d'indiquer sur leur copie les lignes ou distances qu'il faudrait mesurer et coter pour faire convenablement le levé de la figure représentée.

Il ne faut pas perdre de vue que les élèves sont surveillés par le maître, qui arrête à propos celui qui fait mal, et qui, rectifiant les manières vicieuses d'opérer dans le travail de trente ou quarante élèves, trouve l'occasion d'approfondir complétement le sujet et de rappeler tous les principes sans qu'il soit possible d'en oublier aucun.

Le travail sur les tableaux est presque toujours suivi d'une répétition sur le papier; à cet effet, le modèle est transporté au-dessus de l'estrade du professeur; les élèves refont le croquis à la main à une échelle réduite, puis ils font le dessin au net s'il est nécessaire.

Les modèles peuvent n'être, le plus souvent, que de grands croquis; les élèves, pour la

(1) Voir à la fin de la méthode : Complément — des croquis cotés.

mise au net, sont guidés par les conventions adoptées et consignées dans les principes de dessin ; il suffit qu'ils aient pour chaque genre un modèle à imiter.

De cette manière, les élèves ne copient jamais machinalement un dessin; ils construisent toujours au moyen de cotes, et ce travail leur est rendu plus facile.

Les modèles sont choisis de manière à fournir les exercices les plus avantageux et comme dessin et comme étude des levés.

Le professeur les a étudiés d'avance avec soin ; il sait à quelle échelle ils peuvent être construits et la position que doivent avoir les premières données sur le papier et sur les tableaux, pour que la solution puisse avoir lieu sur la surface dont l'élève peut disposer.

Du matériel. — Dépense.

Le texte de la méthode suppose que chaque élève a une planchette noire; mais il y a moins de bruit et le maître voit plus facilement les travaux des élèves lorsque les tables relevées au moyen de charnières forment un tableau sur toute leur longueur, ou lorsque des tableaux sont ajoutés aux tables, comme l'indiquent les dessins qui sont sur la couverture.

Pour un petit nombre d'élèves, un tableau haut de 40 à 50 centimètres, régnant sur toute la longueur d'un mur, donnerait autant de places qu'il aurait de fois 65 centimètres.

Si l'on noircit les tableaux avec de l'encre ou tout autre matière qui ne remplisse pas les pores du chêne ou du châtaignier qui les forme, il est indispensable que le bois soit à fibres droites et très-serrées ; autrement les veines larges conservent le blanc de la craie et rendent le dessin illisible.

Si les élèves ont des planchettes, elles auront 40 centimètres de larg., 60 centimètres de long. et 12 à 15 millimètres d'épaisseur.

Les élèves doivent avoir :

1° Une règle en bois blanc, longueur 65 centimètres, largeur 4 centimètres, épaisseur 1 centimètre ; cette règle est divisée en 65 parties d'un centimètre et numérotée de 5 en 5 centimètres; cette division peut être faite sur un papier collé sur la règle ;

2° Une équerre en bois blanc : longueur du grand côté de l'angle droit, 35 centimètres; longueur du petit côté, 15 centimètres ; épaisseur, 1 centimètre ;

3° Une ficelle pour décrire des circonférences.

Ces instruments servent pour les exercices au tableau.

Pour les exercices sur le papier, les élèves doivent avoir :

Un double-décimètre, un crayon, une gomme à effacer et deux cahiers : l'un de papier à écrire à 40 centimes la main non rayé, et l'autre de papier plus faible, à 25 centimes la main, chacun d'un quart de main, bien cousus; enfin les 16 petites planches.

Règle et équerre en bois blanc	»f 20 les deux.
Double-décimètre	» 10.
Gomme à effacer	» 10.
Crayon	» 05.
Les 16 planches sont de 1 fr. 15; mais prises par les écoles par 50 exemplaires, 27 fr. ; chacun	» 55.
Total..................	1f ».

La dépense serait donc pour chaque élève d'environ 1 fr.

APPLICATION DE LA MÉTHODE

PREMIÈRE PARTIE

DES FIGURES RECTILIGNES

Premier exercice. — Cinq séances.

Sur le papier transparent.

L'élève, en se conformant aux recommandations qui précèdent, fera au crayon le calque de la planche 2.

Une première fois, il tracera les droites par un mouvement continu, et une seconde fois par un mouvement de va et vient.

Le tracé par mouvement continu consiste à parcourir toute la droite ou une portion notable de la droite, sans s'arrêter et sans revenir sur la partie déjà tracée.

Le tracé par mouvement de va et vient consiste à parcourir la droite par petites parties, en revenant pour chacune d'elles en arrière sur une partie de la précédente. Ce mouvement habitue la main à faire retomber le crayon sur le même trait sans qu'il y ait apparence de ce travail ; il est employé dans le renforcement des traits ombrés de l'ornement, dans le tracé des petites parallèles rapprochées qu'on nomme *hachures* ; enfin il prépare au lavis dans lequel on l'emploie pour la pose des teintes et pour les arrêter nettement sur des limites tracées.

Le mouvement continu est lent et uniforme; le mouvement de va et vient est plus vif.

La planche 2 étant calquée au crayon, en suivant ces deux méthodes de tracé, le maître verra le travail, en fera remarquer les défauts, et ordonnera de passer à l'encre avec la plume le calque le mieux fait. A défaut d'un calque bien fait au crayon, les élèves traceront, avec l'aide de leur double-décimètre, des lignes bien droites et fines sur les marges de leur cahier, et ils les passeront à l'encre toujours en traits fins, mais sans le secours de la règle.

L'élève travaillera sur les planches 3, 4, 5, comme sur la planche 2; dans ces trois planches, il y a des droites qui sont coupées par d'autres droites; il aura soin de les tracer dans toute leur longueur, sans s'arrêter sur les points de rencontre pour tracer d'autres lignes et revenir ensuite finir la ligne commencée; comme il existe sur ces planches, et avec intention, beaucoup de lignes qui ont la même direction, il devra les tracer toutes, au moins pour la même figure, avant de changer la position du papier. Cette recommandation est importante, car on voit beaucoup d'élèves qui tracent les fig. 1, 2, 4 et 5, pl. 3, en suivant leurs contours; ils ne changent pas la position du papier ni du bras ; les angles qu'ils font sont arrondis et leurs traits n'ont aucune rectitude.

Deuxième exercice. — Trois séances.

Sur les tableaux noirs.

Le maître aura une ou deux planchettes semblables à celles des élèves (1); sur le côté noir de ces planchettes, il tracera à la craie des modèles que les élèves imiteront sur leurs tableaux noirs.

Les traits des modèles seront assez gros pour être vus de loin; ceux des copies des élèves devront être légers et fins.

Premier travail. — Tracer des lignes droites de toutes directions. Les élèves doivent savoir que pour tracer une droite à volonté il faut regarder en arrière la partie déjà tracée, afin de suivre toujours la même direction, tandis que pour tracer une droite d'une direction déterminée, par exemple parallèle ou perpendiculaire à une droite, il faut bien se figurer d'avance la position qu'elle va occuper, et par conséquent, regarder en avant le chemin à parcourir et non pas la main qui trace.

Deuxième travail. — Tracer des horizontales
Troisième travail. — Tracer des verticales
Quatrième travail. — Tracer des obliques parallèles
Cinquième travail. — Tracer des horizontales et des verticales
} espacées de 0m08 environ.

Les élèves tracent assez vite des droites parallèles lorsqu'elles sont horizontales ou verticales, mais lorsqu'elles sont obliques, ils éprouvent plus de difficultés; il importe de leur faire comprendre d'avance que l'écartement égal qui doit exister entre deux parallèles doit être mesuré perpendiculairement à leur direction.

Sixième travail — Tracer des horizontales et des verticales espacées de 0m10 environ et tracer ensuite les diagonales des carrés qui seront formés.

Pour les jeunes enfants surtout, et pour que le travail soit plus attrayant, on pourra, entre chacun des travaux indiqués, faire copier quelques-unes des figures des planches 1, 9, 10 et 11 des grands modèles.

Troisième exercice. — Trois séances.

Sur le papier transparent.

Sur le verso de leur calque, puis sur les autres pages qui suivent, les élèves exécuteront avec le crayon les mêmes travaux qu'ils ont étudiés à la craie sur les tableaux dans l'exercice précédent; ils écarteront les parallèles de 1 centimètre environ, et ils n'oublieront pas qu'ils doivent tracer très-fin.

Quatrième exercice. — Une séance.

Sur les tableaux et sur le papier.

Mesurage des longueurs : en centimètres avec la règle divisée et en millimètres avec le double-décimètre.

Il faut que le maître s'assure que tous les élèves savent mesurer en centimètres et en

(1) Il faudrait deux planchettes pour le cas où la salle étant mal disposée, il y aurait nécessité de tourner les modèles de côtés différents.

millimètres; l'opération est fort simple; cependant on voit des élèves qui évaluent la distance entre deux points par le nombre des traits du double-décimètre, et non par le nombre des intervalles compris entre ces points.

Les élèves mesureront les lignes de la planche 2 en suivant l'ordre des numéros; ils écriront lisiblement sur leurs planchettes les numéros dans une colonne verticale, et à leur droite les longueurs trouvées; puis ils tourneront leurs planchettes vers le maître, qui jugera si le mesurage est bien fait (1).

Pour le mesurage en centimètres, les élèves tiendront la règle (ou la planchette si elle porte des divisions) droite; le point zéro en haut, et, sur l'ordre du maître, ils marqueront sur les divisions celles qui correspondent à un nombre donné de centimètres.

Cinquième exercice. — Huit séances.

Sur les tableaux.

1er *travail.* — Tracé de droites assujéties à passer par deux points donnés.
2e *travail.* — Construction des figures au moyen d'ordonnées.
3e *travail.* — Tracé de droites perpendiculaires à des droites données.
4e *travail.* — Tracé de carrés et autres polygones.

1er *travail.*

On exercera les élèves à tracer des droites assujéties à passer par deux points marqués; on leur rappellera que, pour tracer une droite d'un point à un autre, il faut regarder le point où l'on doit arriver, et, seulement à la dérobée, jeter un coup-d'œil sur le chemin à parcourir.

Les élèves feront bien de tracer les droites extrêmement fines et à peine apparentes; si une droite n'est pas bien tracée, ils en traceront une seconde également légère, et au besoin une troisième, et renforceront celle qui sera droite en négligeant d'effacer les autres, à moins qu'elles ne soient trop fortes, ce qu'il faudra éviter le plus possible.

Les élèves commenceront par placer des points à volonté sur leurs tableaux, en les écartant le plus possible; et, en suivant les conseils du maître, ils tâcheront de les joindre par des lignes bien droites. Ces lignes de jonction devront être tantôt dans une direction, tantôt dans une autre; ils vérifieront la rectitude des droites au moyen de la règle divisée. Lorsqu'ils seront ainsi exercés à leur volonté pendant une demi-séance, le maître placera sur le tableau cinq points, qu'il joindra ensuite de manière à former un pentagone; les élèves copieront d'abord la disposition des points, puis les joindront également deux à deux; enfin, ils traceront les cinq diagonales de la figure. Les élèves montreront ce travail au maître en tournant leurs tableaux de son côté; si ce travail n'est pas bien fait, le maître le fera recommencer jusqu'à ce qu'il soit satisfaisant.

2e *travail.*

Après cet exercice, le maître apprendra aux élèves comment on place sur le tableau un point dont on donne les distances à deux bords voisins de ce tableau.

Comme on a très-souvent à faire cette opération dans le dessin à vue, il importe qu'elle soit très-familière aux élèves; nous allons donner un moyen très-prompt que nous employons avec succès pour cet objet :

On marque un point *o* sur un tableau; de ce point on abaisse une perpendiculaire sur

(1) Si les tableaux sont fixés sur les tables et vus constamment du professeur, il n'y a aucun dérangement, aucun bruit, et l'on obtient tous les avantages que peut donner la nouvelle méthode.

le bord inférieur du tableau, puis on fait remarquer aux élèves la distance du pied de cette perpendiculaire à la gauche du tableau et la longueur de la perpendiculaire, et on leur dit : si vous voulez placer un point sur votre tableau comme est placé le point *o* sur le tableau modèle, portez la première distance sur le bas de votre tableau à partir de la gauche ; à partir de l'extrémité de cette longueur, tracez une verticale égale à la perpendiculaire du modèle, et au bout de cette verticale sera le point cherché. Vous pouvez vous dispenser de tracer la verticale ; il suffit de marquer son extrémité, qui est le point cherché.

La longueur de la perpendiculaire exprime la distance du point donné au bas du tableau, et la longueur du bas du tableau comprise entre le pied de la perpendiculaire et le côté gauche exprime la distance du point donné au côté gauche du tableau : ceci expliqué, on fera placer plusieurs points qu'on désignera par des lettres, en recommandant aux élèves de mettre la lettre à côté du point et non dessus ; on dictera ainsi : écrivez, point *a*, 25 et 12 ; point *b*, 37 et 29, etc. Les lettres étant écrites sur le bord du tableau dans une colonne verticale, et les nombres qui leur correspondent écrits à la droite de cette manière : a 25—12 / b 37—29, l'élève saura que pour avoir la position d'un point, *a*, par exemple, il suffira de marquer sur le bas du tableau le point qui est situé à 25 centimètres de la gauche, puis, à partir de ce point, de mesurer verticalement la longueur 12 centimètres donnée par le 2e nombre, et de même pour tous les points.

On leur fera observer que la longueur donnée par le 1er nombre, que l'on porte toujours sur le bas du tableau à partir de la gauche, doit se retrouver sur l'horizontale qui va de la position réelle du point à la gauche du tableau, ce qu'ils feront bien de vérifier, et ils auront souvent à reporter leur point un peu à droite ou un peu à gauche, parce que sa hauteur n'aura pas été portée bien verticalement.

De cette manière, le maître pourra faire construire une figure rectiligne quelconque.

3e *travail.*

Le tracé d'une perpendiculaire à une droite oblique est très-difficile pour un certain nombre d'élèves, tandis que si une droite est parallèle à un des côtés du tableau, ils arrivent très-vite à lui mener une perpendiculaire : on parvient souvent à leur faire tracer une perpendiculaire à une oblique, en leur faisant considérer cette oblique comme une portion de terrain non en pente ou horizontal sur lequel ils doivent planter un poteau, un peuplier, etc. On leur fait alors tourner leur planchette ou leur papier, de manière que l'oblique soit parallèle au bord de la table.

Le maître, avant d'aller plus loin, doit s'assurer que tous les élèves comprennent comment doit être tracée une perpendiculaire à une oblique.

Les élèves auront la permission de vérifier le tracé des perpendiculaires au moyen d'une feuille de papier.

Le maître pourra faire construire par les élèves de grandes figures peu compliquées, et placer un point par lequel ils mèneront des perpendiculaires sur les côtés de cette figure ; ou bien encore, il leur fera construire un grand rectangle comme *abcd*, pl. 2, puis les diagonales *bd ac*, ensuite les parallèles aux côtés qui passent par le point de rencontre *o* des diagonales, enfin les perpendiculaires aux diagonales qui passent par les extrémités des parallèles aux côtés.

Il y a trois exercices distincts dans ce tracé : 1° le tracé des côtés du rectangle et celui des diagonales, lignes assujéties à passer par deux points donnés ; 2° le tracé de droites assujéties à passer par un point donné parallèlement à des droites données ; 3° le tracé des perpendiculaires.

Dans les commencements, et lorsqu'il s'agit d'un exercice nouveau, il est indispensable que le maître donne des conseils séparément à trois ou quatre élèves réunis ; mais petit à petit, il les habitue à écouter avec attention et à suivre les conseils qu'il adresse à tous à la fois ; c'est alors qu'il peut faire mettre des lettres sur les figures, et que de sa place il peut corriger les tracés faits sur les tableaux.

4e travail.

Les élèves traceront des carrés de dimensions variées; d'abord, un des côtés sera horizontal, le plus difficile alors sera de leur donner des côtés égaux; ensuite, ils commenceront par un côté oblique, et la difficulté principale sera d'obtenir des angles bien droits. Ils changeront l'obliquité du premier côté pour faire de même un bon nombre de carrés jusqu'à ce que les carrés soient suffisamment bien, ce qui est souvent assez long à obtenir; alors on passe à d'autres exercices et on retourne plus tard au tracé des perpendiculaires. La figure 1 de la petite planche 6 et la grande planche 2 indiquent une autre manière d'exercer sur le tracé des perpendiculaires. D'un même point on trace des lignes dans toutes les directions, ensuite de l'extrémité de chacune on abaisse une perpendiculaire sur la plus voisine.

Les planches 2, 3, 4, 6 et 8 des grands modèles peuvent servir pour ces exercices au tableau.

Sixième exercice. — Six séances.

Sur le papier fort.

Les élèves recommenceront sur le papier les deuxième et troisième parties de l'exercice précédent ; le maître, avant de dicter la position des figures, les aura étudiées et mesurées afin qu'elles tiennent sur le papier une place convenable.

Septième exercice. — Une séance.

Comparaison à vue des longueurs de petite dimension.

Cet exercice a une très-grande importance ; car ce qui manque le plus, même aux élèves les plus avancés, c'est l'habitude de comparer les grandeurs.

Les élèves se serviront de la planche 2. Chaque élève ayant placé cette planche devant lui sur sa planchette, examinera avec attention la droite marquée 1, et tenant son double-décimètre dans la main droite, il marquera avec l'ongle du pouce de la même main, sur l'arête de cet instrument, une longueur égale à celle considérée ; puis il approchera cette longueur de la droite et verra s'il a bien estimé. Il fera successivement la même opération sur les droites numérotées 2, 3, 4, etc..., jusqu'à la fin.

Ce travail devra être surveillé de près par le maître.

Huitième exercice. — Trois séances.

Comparaison et appréciation à vue des longueurs de 5 *cent. à* 1 *mètre.*

Cet exercice n'est pour ainsi dire qu'une suite du précédent; mais, par la manière dont il s'exécute, il a sur lui un grand avantage : c'est que le maître vérifie à chaque instant le travail des élèves, qui sont ainsi forcés de travailler, tandis que tout à l'heure le travail était presque entièrement à la disposition de chacun d'eux. Voici en quoi il consiste :

Le maître trace des verticales de différentes grandeurs sur les tableaux-modèles, et il les écarte d'environ 0m08. Les élèves tiennent leur règle divisée dans la main gauche, le point zéro en haut ; ils tâchent de marquer avec leur pouce une longueur égale à la première verticale à gauche, et ils écrivent sur leurs tableaux noirs le nombre de centimètres que contient cette longueur. Ils font de même pour les autres verticales, en écrivant successivement les nombres de centimètres trouvés les uns au-dessous des autres. Cela fait, ils tournent leurs planchettes vers le maître qui juge l'exactitude de l'estimation et qui fait connaître les erreurs commises en dictant les longueurs exactes des droites estimées.

Chacune de ces opérations dure environ deux minutes.

Les deux modèles du maître, s'il y en a deux, doivent donner évidemment les mêmes droites, qui doivent être verticales, afin qu'il n'y ait pas de raccourci. Il sera bon de mettre une assez grande différence entre deux droites voisines.

Deux séances seront employées ainsi. Dans la troisième, les élèves estimeront, sans le secours de leur règle, le nombre de centimètres qui mesure chaque ligne du modèle. Ils les traceront sur leurs planchettes, puis ils les diviseront en deux, trois ou quatre parties égales, ou plus.

La division en deux ou quatre parties égales est très-facile ; il suffit d'un peu d'attention.

La division en trois parties égales est aussi très-facile en plaçant la craie et un doigt de la main gauche sur la ligne à diviser, et en les changeant de place, jusqu'à ce qu'une observation sérieuse fasse reconnaître que les trois parties de la droite sont égales.

La division en cinq parties égales est plus difficile ; cependant, on peut y arriver par tâtonnement, en marquant d'abord, à partir d'un bout, la longueur qu'on croit le cinquième de la droite entière ; on divise le reste en quatre parties égales qui doivent avoir même longueur chacune que le premier cinquième.

Les divisions en 2, 3 et 5 parties égales conduisent à la division en 4, 6, 8, 9, 10, 12, 15, 16 parties égales, etc.

Neuvième exercice. — Neuf séances.

Copie à vue sur les tableaux noirs.

Les élèves étant habitués à estimer les grandeurs à vue avec assez d'exactitude, copieront à vue sur leurs tableaux des dessins faits à la craie par le maître sur les tableaux modèles.

Le dessin à vue de certaines figures exige une grande habitude pour juger des grandeurs et des positions relatives des différents points ; un point peut être déterminé de position par plusieurs moyens qu'il est souvent bon d'employer pour vérifier et assurer cette position.

On dit qu'un point est plus élevé qu'un autre lorsque l'horizontale qui passe par le premier est plus élevée que l'horizontale qui passe par le second.

On dit qu'un point est à droite d'un autre lorsque la verticale qui passe par le premier est à droite de la verticale qui passe par le second.

Comme il est facile de juger qu'une droite est horizontale ou verticale en se servant d'un crayon ou d'une règle dont on place devant soi une arête horizontale ou verticale, on se servira souvent de ce moyen pour établir la position d'un point par rapport à un autre déjà établi.

Lorsqu'on peut tracer ou voir une horizontale traversant la figure à copier à vue, on peut marquer sur une horizontale qu'on trace sur la copie les points de rencontre des verticales qui doivent passer par les points qu'on veut déterminer ; ces points étant placés par rapport à un point de la figure qui est sur l'horizontale, et en les comparant aussi entre eux, on estime au fur et à mesure les longueurs des verticales, ce qui donne la position des points considérés. (Voyez fig. 4, pl. 3.)

Ce moyen de copier s'emploie rarement d'une manière aussi exclusive ; d'autres considérations peuvent quelquefois conduire plus sûrement et plus promptement au but.

Donnons un exemple :

Soit à copier la fig. 9, pl. 3, nous allons noter les observations qu'on peut faire sur cette figure pour la copier.

Remarque. — Lorsque nous dirons qu'un point est au milieu d'une ligne déjà connue, il faudra admettre, sans que nous le disions, qu'on marque immédiatement ce point, et de même pour toutes les autres observations.

Si cette figure est construite dans un rectangle, sur le tableau modèle par exemple, ou dans un rectangle de même grandeur, le tableau de l'élève ayant les mêmes dimensions, la copie sera plus facile; ainsi, on remarquera que les points *e, f, h,* sont sur une même horizontale qu'on tracera à la hauteur convenable; puis on marquera le point *e*, ensuite le point *j*, où la ligne *ai*, qui est verticale, rencontre l'horizontale *efh*; la grandeur *ef* est environ le quart de *ej*; *jh* est environ le cinquième de *ej*; les points *b* et *g* sont sur une même verticale dont le pied *k* fait *hk* égal à *jh*; les verticales qui passent aux points *c* et *d* donnent *kl* égal à *kh* et *mf* égale *me*; les points *a* et *d* étant placés à une hauteur convenable, on remarquera que *ai* est moitié de *aj*; que *dc* et *eg* se dirigent sur le point *i*; que *hg* se dirige vers le point *d*.

En tenant le crayon ou le double-décimètre verticalement ou obliquement devant la figure à copier, on peut voir que certains points sont sur une même ligne horizontale, verticale ou oblique; que tel point est à droite ou à gauche, ou au-dessus, ou au-dessous d'un autre; puis on compare les grandeurs des différentes parties; on est conduit de cette manière à une copie assez exacte de la figure.

Soit encore à copier la figure 8 de la même planche et sans avoir égard au rectangle qui l'entoure.

Nous remarquerons que les quatre points *a, b, c, d* sont sur une même horizontale que nous tracerons d'abord; nous pourrions estimer les trois parties *ab, bc* et *cd*, mais nous pouvons observer que les verticales *fv, ks* donnent sur *ad* trois parties égales ou à peu près; les points *v* et *s* étant marqués, nous estimerons facilement *cv* et *bs*; nous tracerons les verticales *ci* et *ag*, la première un peu moins longue, la deuxième un peu plus longue que *bc*; la verticale *vf* est tant soit peu plus grande que *ab*; *sk* égale *nj* plus grande que la moitié de *vf*; *te* un peu plus grande que *vf*. Les distances *bt, bo, cn* sont faciles à estimer; le point *m* est sur une verticale qui passe au milieu de *dv* en *l*; *ml* est grande comme *cb*; *oh* est grande comme *ab*.

Lorsque la figure sera tracée, on vérifiera si les obliques *mi, hg, ke, fj* prolongées sont bien dans la même situation que dans le modèle; ainsi *mi* se dirige en *h*; *fj* sur le milieu de *hg*; *ke* passe très-près, mais au-dessus du point *m*, et *gh* un peu au-dessous du point *d*.

Donnons encore pour dernier exemple la copie de la figure 3 de la planche 4.

Nous remarquons d'abord une horizontale *ac*, que nous tracerons par estimation de même grandeur; nous jugeons que le point *b* est sur le milieu de *ac* et que *fb* est environ le tiers de *ab*; nous remarquons ensuite que la verticale qui passe au point *d* passe aussi sur le point *t'*, et qu'elle passe à gauche du point *c* à une distance *ic*, que nous estimons être environ les deux tiers de *fb*; cette verticale de *i* en *t'*, nous l'estimons égale à *fc*; nous estimons que *di* est environ le double de *ic*; le point *d* étant placé, nous observerons que les quatre points *a, u, v, d* sont en ligne droite; après avoir tracé cette droite, nous tracerons facilement la droite *bu*, légèrement oblique, et nous observerons que *uv* est sensiblement égale à *vd*. Imaginons une horizontale par le point *g* : nous remarquerons qu'elle passe en *x* au-dessus de *t'* et que *t'x* est à peu près égale à *ic*; nous remarquerons ensuite que les deux points *e, e'* sont sur une même horizontale qui passe en *z*, et que *xz* est environ le tiers de *t'x*; nous pouvons donc tracer les horizontales qui passent en *x* et en *z*. Remarquons encore que *xg* est égal ou un peu supérieure à *fb*, et que *ze* est à peu près égale à *zt'*. Toutes les observations que nous venons de faire nous ont conduit à construire avec une certaine exactitude la copie à vue du contour *afubcdgt'ev*; l'exactitude dépend surtout de l'estimation plus ou moins parfaite de la première grandeur *ac* et de ses parties *ic, bc, fb* et *af*, puisque c'est par la comparaison des autres grandeurs observées avec celles-là qu'on a déterminé le plus grand nombre des points. Mais continuons : observons que la verticale qui passe en *f* passe sensiblement par le milieu de *mn*, que *mn* est sur l'horizontale qui passe en *t'* et que les longueurs *no* et *om* sont de même grandeur ou très-peu moins grandes que *ic*. Remarquons ensuite que le point *e'* est éloigné de la verticale *fo* d'une quantité égale à *gx*, que *ak* est dirigé vers le point *e'*, ou bien que cette droite est peu inclinée sur la verticale *aa'*. Enfin, si nous imaginons l'horizontale qui passe en *d*, nous jugerons facilement de combien le point *k* est au-dessous de cette droite ; nous placerons sans difficulté le point *r*, en estimant sa distance *rt* à l'horizontale *dt*, et sa distance *rs* à la verticale *fo*. Ces nouvelles considérations nous ont permis de tracer le reste du contour de la figure, c'est-à-dire *vnme'rka*. La figure étant entièrement tracée, examinons de nouveau le modèle pour le comparer à la copie : nous pouvons voir que les trois points *c, d, e* doivent être en ligne droite, que *bu* prolongé passerait sur le milieu de *t'o*, etc.

L'observation la plus ordinaire est celle qui a pour but de connaître la hauteur d'un point au-dessus d'un autre, et de combien le même point est à droite ou à gauche de cet autre; on y arrive, comme nous l'avons dit précédemment, au moyen d'une horizontale imaginée par un des points, et d'une verticale imaginée par l'autre point; les distances du point de rencontre de ces deux lignes aux points considérés sont les grandeurs cherchées. Ainsi, soient les points *d* et *r* : imaginons l'horizontale *dt* et la verticale *rt*; ces deux lignes se rencontrant en *t*, la distance *tr* exprime la hauteur du point *d* au-dessus du point *r*, et la distance *td* indique de combien le point *r* est à la gauche du point *d*. Les horizontales et les verticales étant facilement remarquées et établies, c'est par ce dernier exercice qu'on pourra préparer les élèves à des exercices plus compliqués.

Une recommandation importante à donner ici relativement à la copie d'une figure quelconque, c'est qu'il ne faut pas procéder de proche en proche, en rapportant la position d'un point à celle du dernier des points déjà établis; cette méthode pourrait conduire à des erreurs graves. Il faut choisir les points principaux de la figure, qui se trouvent répartis sur toute son étendue, et les bien déterminer tous de position par rapport à deux d'entre eux par lesquels on commence; on peut ensuite rapporter tous les autres points à ceux des points primitivement placés, qui sont les plus voisins. Les modèles donnés dans le haut de la petite planche 5 sont excellents pour habituer les élèves à imiter une forme quelconque; la planche 15 des grands modèles est dans le même cas. Le maître, en s'inspirant des petits modèles, pourra en tracer d'autres au tableau, sur lesquels on devra trouver des lignes perpendiculaires ou parallèles entre elles.

Dixième exercice. — Huit séances.

Sur le papier fort.

Les élèves copieront à vue, sur du papier ordinaire à écrire, assez fort, les planches 3, 4, 5, 6 et 7. Le travail sera au crayon, et il ne sera passé à l'encre que s'il est assez bien fait et si le maître le commande.

Les élèves dessineront d'abord le cadre, et ne commenceront les figures qu'après avoir tracé les grandes lignes horizontales ou verticales qui partagent la surface du cadre en parties rectangulaires. Le cadre et ces lignes de division peuvent être calqués.

Pour varier un peu le travail des élèves, et aussi pour que le travail sur le papier soit plus facile, il est bon de ne pas faire suivre l'exercice qui précède pendant huit séances consécutives; aussitôt que les élèves ont compris la manière d'agir, on peut alterner les travaux sur le papier avec ceux sur les tableaux, le maître donnant pour modèles sur les tableaux les figures que les élèves auront à exécuter immédiatement après sur le papier.

Le maître devra veiller à ce que les élèves ne se servent sous aucun prétexte de compas ni du double-décimètre pour mesurer ou tracer des lignes droites. Les élèves de seconde année, s'ils font bien à vue sans instruments, pourront seuls être autorisés à faire, avec l'aide de la règle, de l'équerre et du compas, les planches qu'ils auront déjà faites à vue, à la main et finies avant leurs camarades.

Pour ce dernier exercice, nous devons faire remarquer que lorsque les cotes ou dimensions des lignes à établir ne sont pas écrites suivant les règles données dans le complément (dessins et croquis cotés), nous avons fait en sorte de les écrire au milieu de la longueur dont elles donnent la mesure.

DEUXIÈME PARTIE.

DES COURBES ET DES ORNEMENTS.

Premier exercice. — Trois séances.

Sur les tableaux noirs.

Le maître se servira des planches 18, 20, 21 et 22 des grands modèles (voir le texte des grandes planches à la fin de l'ouvrage).

Il s'inspirera aussi des planches 9, 10, 11, 12 et 13 des petits modèles; mais il sera bon de commencer par l'étude des courbes, grande planche 18, et pour les spirales, les ellipses et les courbes à inflexion, il les fera d'abord opérer au moyen des tangentes horizontales, verticales, et aux points d'inflexion.

Il tracera sur les tableaux modèles quelques courbes en forme de spirales, pl. 11, fig. 7; d'ellipses, pl. 12, fig. 5, et pl. 13, fig. 1 et 2; les élèves feront en sorte de les imiter sur leurs tableaux noirs, en mettant toute leur attention pour que les courbes soient sans jarrets et tracées hardiment en traits légers. On n'exigera pas que les courbes soient exactement les mêmes que celles du modèle; il suffira qu'elles s'en rapprochent sensiblement et que les changements de courbures ne soient pas trop brusques.

Le travail sera effacé et recommencé aussi souvent qu'il sera nécessaire. Le maître verra s'il est utile de changer les courbes qui servent d'exercice, et chaque fois, avant de faire effacer, il fera remarquer les défauts du tracé.

Après deux séances ainsi employées, on continuera comme il suit :

Le maître ayant tracé plusieurs courbes pour modèles, les élèves les copieront le plus correctement possible; le maître se fera montrer le travail et le fera corriger, s'il est nécessaire, à plusieurs reprises; ensuite les élèves s'exerceront à passer sur le trait d'une courbe en allant et revenant d'une extrémité à l'autre, et cela autant de fois qu'ils le pourront faire sans s'écarter par trop du premier trait; ils iront d'abord lentement, et ils augmenteront la vitesse de plus en plus. Le même exercice sera répété sur les autres courbes; après quoi le maître changera les modèles, et les élèves s'exerceront de nouveau et de la même manière.

Les courbes à préférer pour cet exercice sont les circonférences, les ellipses et les spirales.

Pour tracer les cercles sur lesquels les élèves seront exercés à passer et repasser plusieurs fois, on peut, à défaut de compas, employer une petite ficelle attachée à la craie.

Deuxième exercice. — Six séances.

Sur le papier transparent.

Cet exercice se fera principalement sur les planches 9 et 10, fig. 1; pl. 11, fig. 7; pl. 12, fig. 5, et pl. 13, fig. 1 et 2.

Premier travail. — Les élèves calqueront au crayon par un mouvement continu, sans changer la position du papier, afin de s'habituer à tracer des courbes dans tous les sens. Les traits seront très-fins. Le travail sera passé à l'encre en traits également fins et en corrigeant autant que possible les défauts du travail au crayon. On le fera recommencer deux ou trois fois.

Pour s'assurer que les élèves pourront passer à l'encre des courbes très-nettes, on les exercera sur des circonférences que l'on tracera au compas et au crayon sur le dos de leurs calques.

Deuxième travail. — Les élèves se serviront des calques précédemment faits. Ils repasseront le crayon sur tous les traits, d'abord lentement, puis de plus en plus vite, en allant et revenant du commencement d'une courbe à la fin, et de la fin au commencement; pendant ce travail, comme pendant le précédent, le papier ne doit pas changer de place.

Troisième travail. — Les élèves calqueront au crayon, comme au premier travail, puis ils rectifieront leurs courbes en repassant, par un mouvement de va-et-vient (comme nous l'avons dit pour les droites), sur toutes les courbes, de manière à donner partout au trait une largeur d'un demi-millimètre. Pour cette dernière partie du travail, les élèves changeront, autant qu'ils en sentiront le besoin, la position du papier, de manière que la partie de courbe à corriger ait sa convexité tournée vers la gauche s'ils tracent de haut en bas, et vers le haut s'ils tracent de gauche à droite.

Ce travail ne sera fait qu'au crayon.

Le deuxième travail sera fait quatre fois, en plaçant successivement le titre PL.** en haut, en bas, à gauche et à droite; sur les autres planches, on ne le fera que deux fois, en plaçant le titre PL.** en haut et à droite.

Pour le troisième travail, au lieu de renforcer également les courbes, les élèves devront obtenir des traits ombrés comme sur les modèles.

Le travail, qui consiste à calquer en allant et revenant ainsi sur des courbes, est destiné à assouplir la main, afin que, par habitude, elle puisse tracer des courbes sans jarrets.

Dans cet exercice, le mouvement doit cesser un instant dans toutes les parties du dessin où il y a changement brusque de direction, comme au sommet des feuilles, fig. 3, pl. 10, et fig. 2 et 7, pl. 14.

Troisième exercice. — Trois séances.

Sur les tableaux noirs.

Le maître ayant tracé au tableau quelques courbes contournées, il en marquera les tangentes avec les points de contact et les fera copier de position exactement comme il a été dit première partie, 5e exercice, 2e travail; puis il exigera des élèves le tracé complet de la courbe qui passe par ces points et qui doit reproduire le modèle. Les élèves devront tracer bien fin et avoir soin de ne pas effacer les points ni les tangentes qui déterminent la position de la courbe et sa forme.

Les grandes courbes des grandes planches 20, 22 et 23 peuvent servir de modèles pour ces exercices.

Les lettres gothiques de la petite planche 15, traitées en grand, sont également bonnes; enfin les ellipses, pl. 12 et 13, et les cercles, devront terminer cet exercice.

Quatrième exercice. — Quatre séances.

Sur le papier transparent.

Cet exercice se fera sur la pl. 11, fig. 7, et sur la pl. 12, fig. 5.

Les élèves calqueront le cadre et les principaux points de deux ou trois courbes. La place des points sera indiquée à l'encre en points très-fins. Ils retireront le modèle, le placeront devant eux, et feront en sorte de tracer au crayon la courbe qui doit passer par les points marqués. Pour réussir dans ce travail, il faut d'abord tracer une courbe extrêmement légère, puis on en trace une seconde avec un trait ordinaire, qui corrige les défauts du premier tracé. Les courbes étant tracées, les élèves recommenceront la même opération pour deux ou plusieurs autres courbes, et ainsi de suite jusqu'à la fin.

Le maître, pour éviter un mauvais choix dans les courbes à tracer, indiquera lui-même celles qui doivent servir pour cet exercice.

Cinquième exercice. — Dix séances.

Sur les tableaux noirs.

Le maître donnera sur le tableau des modèles simples d'ornement, comme il y en a sur les grandes planches. Il facilitera le travail autant qu'il le jugera nécessaire en traçant sur le modèle les lignes droites d'une position bien choisie. Dans le commencement, il fera tout haut les observations qui peuvent conduire à copier exactement, et les élèves travailleront en quelque sorte sous sa dictée; plus tard, il les laissera agir d'eux-mêmes, en les corrigeant au fur et à mesure qu'ils feront des fautes graves, et au fur et à mesure que les élèves seront plus habiles, il leur donnera des modèles plus difficiles. Nous rappellerons encore ici que pour faire faire les corrections facilement et sans se déranger, le maître mettra sur le modèle autant de lettres qu'il sera nécessaire; les élèves ayant écrit les mêmes lettres pour les mêmes parties des courbes, il sera facile de leur indiquer sur quelle partie il y a une correction à faire et dans quel sens elle doit être faite; les modèles imprimés donnent les proportions et la netteté; une imitation par le maître, faite à la craie, mais plus grande, peut porter des lettres qui serviront alors à accélérer un travail d'ensemble.

Sixième exercice. — Dix séances.

Sur le papier fort.

Les élèves copieront les planches d'ornement, comme ils ont copié les figures rectilignes, à vue et sans instruments; on pourra cependant leur permettre, autant qu'on le jugera nécessaire, de calquer le cadre, les grandes lignes pointillées et celles qui divisent la surface du cadre en parties rectangulaires. Les élèves copieront les figures entièrement en faisant un trait bien fin et léger partout, et, avec la permission du maître, ils ombreront les traits comme sur le modèle.

Complément. — Des dessins cotés.

Nous avons écrit des cotes sur un certain nombre de planches grandes et petites; nous sommes, à cause de cela, forcé de dire quelque chose sur les croquis et les dessins cotés, parce que plusieurs des grands modèles qui ont des cotes suffisantes, nous l'espérons, pour qu'on puisse les construire, ne les ont pas écrites comme il convient; ce que nous n'aurions pu faire sans masquer un peu la forme.

Les petites planches 6 et 7, et les grandes planches 3, 12, 13, 14, 19, 43, 44, 45 et 46, seules, sont convenablement cotées, et c'est sur elles qu'il faut étudier la manière de coter un dessin.

Voici d'ailleurs ce que nous avons à dire sur les dessins et les croquis cotés :

— Un dessin *coté* est celui dans lequel toutes les parties de l'objet qu'il représente sont connues en grandeur au moyen de nombres exprimant des unités linéaires d'un ordre quelconque, millimètres, centimètres, décimètres, etc. Ces nombres portent le nom de *cotes* et sont écrits sur le dessin à une place convenable.

Un *croquis* est un dessin fait à la main et se rapprochant autant que possible, par la disposition et par les proportions, d'un dessin fait avec les instruments ordinaires.

Un croquis coté, lorsqu'il est assez complet, suffit, en l'absence de l'objet qu'il représente imparfaitement sous certains rapports, pour faire un dessin au net et représentant cet objet à une échelle quelconque.

Il faut une certaine habitude du dessin à vue, sans instruments, pour faire rapidement un croquis de manière à s'écarter le moins possible des proportions; mais nous avons traité ailleurs ce qui est relatif à ce sujet; maintenant, nous voulons faire connaître comment les dessins sont cotés et les difficultés qui se présentent lorsqu'on veut construire un dessin au net au moyen d'un croquis coté.

Si toutes les lignes d'un croquis étaient cotées, la mise au net de ce croquis à une échelle quelconque serait, en quelque sorte, plus facile que la copie réduite ou augmentée d'un dessin dont on connaîtrait l'échelle; car, dans ce dernier cas, il faudrait porter toutes les lignes du dessin sur son échelle pour en connaître la grandeur, ce que l'on n'a pas à faire pour la mise au net du croquis coté, puisque les dimensions seraient toutes écrites sur ce dernier. Mais il n'en est pas ainsi; on trouve souvent dans un croquis des lignes qui ne sont pas cotées, parce que ces lignes sont représentées plusieurs fois dans le croquis, soit que ce dernier fasse voir le corps sous différentes faces, soit qu'il donne des détails à côté de l'ensemble; et l'on n'a pas jugé nécessaire de répéter autant de fois les cotes qui appartiennent à ces lignes.

On est donc forcé d'étudier l'objet représenté de manière à trouver, soit dans une partie du croquis, soit dans une autre, la cote d'une ligne quelconque.

Cette étude doit porter aussi sur les parties essentielles de l'objet, sur celles qui le rendent propre à remplir l'emploi qui lui est destiné.

Certaines formes, certaines dimensions de cet objet pourraient être différentes, sans qu'il cessât d'être bon et utile; tandis que, dans d'autres parties, les formes et les dimensions doivent être absolument ce qu'elles sont.

Cet examen, fait avec attention, donnera une connaissance complète de l'objet et de l'ordre qu'il faudra suivre dans l'établissement des lignes du dessin. On ne peut commencer indifféremment par une partie ou par une autre dans la mise au net d'un croquis coté; la distribution des cotes, d'ailleurs, s'y opposerait. L'étude dont nous parlons est donc très-importante pour les motifs que nous venons d'exposer; elle apprend, de plus, à bien disposer les cotes, et l'on peut avancer sans crainte : que celui qui sait lire un croquis coté quelconque, est capable de l'établir lui-même sur la vue et la mesure de l'objet qu'il représente.

Une ligne droite est cotée au moyen d'un nombre indiquant la dimension de l'arête qu'elle représente, et placée sur une ligne pointillée, fig. 2, pl. 7, tracée parallèlement et ordinairement à peu de distance de la droite; les extrémités de la ligne pointillée, qu'on appelle aussi *ligne de cote*, sont brisées, afin de joindre les extrémités de la droite; voyez la cote 22, fig. 2, pl. 7 : ou bien elles s'arrêtent sur de petites perpendiculaires à la droite cotée; voyez la cote 46, fig. 3, même planche; de petits crochets en forme de *v* couché, dont les pointes sont placées à ses extrémités, en fixent d'une manière plus précise encore la position.

La distance entre deux points est donnée par une cote placée sur une ligne pointillée joignant ces deux points.

La cote, placée sur un rayon de circonférence, donne la longueur de ce rayon, fig. 8, cote 19, pl. 7.

Quand deux droites sont parallèles, leur écartement n'est quelquefois donné que par une seule cote, placée sur une ligne pointillée perpendiculaire à leur direction. Voyez les cotes 15, fig. 4; et 6, 7 et 9, fig. 6, même planche.

Un nombre ayant à sa droite et un peu au-dessus un petit zéro, et placé sur un arc de cercle pointillé compris entre deux droites qui se coupent, indique le nombre de degrés de l'angle formé par ces deux lignes. Voyez fig. 7, pl. 6. La cote 90° indique que les lignes droites sont réciproquement perpendiculaires ou que l'angle est de 90°.

Lorsqu'on copie un dessin coté, on peut copier la disposition des cotes si cette disposition est bonne, sans cependant s'astreindre à faire exactement de même; mais si les cotes ne sont pas bien disposées, ou bien si l'on construit un dessin au moyen d'un croquis coté, il faut établir les cotes en ayant égard aux recommandations suivantes :

Autant que possible, on doit faire en sorte d'écrire toutes les cotes en dehors du dessin, les cotes de détail plus rapprochées, les cotes totales plus éloignées; il n'est pas nécessaire, pour les cotes placées à l'extérieur du dessin, de rapprocher les lignes de cotes parallèles à moins de 3 à 4 millimètres.

Les lignes de cotes doivent être en traits plus fins que les lignes les plus fines du dessin, et toutes en petits tirets longs de 2 à 3 millimètres.

Il est bon que les cotes d'un dessin expriment toutes des unités linéaires de même espèce; ainsi, on cotera un dessin en millimètres, ou en centimètres, ou en mètres, etc. L'écriture des cotes est beaucoup simplifiée, puisqu'on n'a pas à s'occuper de la virgule qui marque les unités principales, et les erreurs sont moins fréquentes.

Par exemple, si l'on cote en millimètres les cotes 1^m20, 2^m, 0^m027, 0^m0205 s'écriront 1200, 2000, 27, 20-5; cette dernière cote exprime 20 millimètres et 5 dixièmes de millimètre ou 20 millimètres 1/2.

On cotera en centimètres lorsqu'on ne voudra pas tenir compte des millimètres.

Les cotes doivent toutes s'écrire de manière à être lues de bas en haut et de gauche à droite. Ainsi, la cote 49, fig. 3, pl. 7, qui se lit de haut en bas, est mal écrite.

Il est d'autant plus important d'écrire toutes les cotes dans le même sens que certains nombres lus à l'endroit, puis à l'envers, donnent des quantités bien différentes. Ainsi, 9 donne 6; 81 donne 18; 16 donne 91, etc. D'un autre côté, il est bon de ne pas être obligé de tourner la feuille dans tous les sens pour lire les cotes.

Les cotes doivent être très-lisibles, et néanmoins très-petites, et placées autant que possible sur le milieu de la ligne de cote qui est interrompue dans le même endroit. Avec un peu d'habitude, on parvient à écrire convenablement les cotes avec le tire-ligne.

On trace les lignes de cote quand le dessin est terminé; on les fait de suite à l'encre, après avoir tracé au crayon les lignes passant par leurs extrémités partout où il en est besoin.

La mise au net et à l'échelle d'un croquis coté ne donne pas toujours un dessin dont l'aspect soit satisfaisant; la disposition des différentes parties n'est pas convenable; on s'aperçoit aussi quelquefois que l'échelle choisie pour l'ensemble est trop petite pour certains détails; on sent alors la nécessité de refaire le dessin. Lorsqu'on prévoit cette nécessité, on fait le premier travail plus vivement et sans s'attacher à obtenir des traits bien purs, afin d'y passer le moins de temps possible.

Nous donnerons ailleurs les moyens de reconnaître quels sont les traits d'un dessin qui doivent être fins, ou forts, ou ponctués; nous ferons connaître en même temps les conventions adoptées pour le tracé des lignes de construction d'axes, de coupes, etc., ainsi que pour le tracé des épures de géométrie descriptive et de ses applications; enfin, ce qui est relatif aux cadres et aux écritures.

Nous rappelons seulement ici que, dans la mise à l'encre, il faut commencer par le tracé des courbes de quelque nature qu'elles soient, en ayant soin d'arrêter celles qui se raccordent entre elles ou avec des droites exactement aux points de raccordement, points qui ont dû être indiqués dans le travail au crayon. On trace ensuite toutes les lignes fines pleines ou en petits points ronds, puis les traits forts, et enfin les lignes de cote, de construction, d'axes, de coupe, etc. On passe ensuite à la construction de l'échelle ou des échelles, s'il y en a plusieurs, puis on fait les écritures, et enfin le cadre.

GRANDS MODÈLES

Pl. 1re. — Les nombreux détails de cette planche peuvent être dessinés séparément de même grandeur ou plus grands sur les tablaux et aussi plus petits sur le papier.

Si l'on fait la planche entière telle qu'elle est, on doit remarquer qu'elle est partagée en trois groupes s'appuyant chacun sur une horizontale, et que les deux premiers présentent des figures qui ont à peu près partout la même hauteur.

On commencerait alors par tracer *ab, cd, ef* et *ij*. Le pied *gh* de la potence est à peu près au milieu de la largeur.

Partout où l'on trouve *ks*, la figure est symétrique. De *j* en *b*, six hauteurs égales, — remarquer les joints qui sont sur la même verticale ; au-dessous, la barrière présente des largeurs égales. Le poids de 20 kil. et le dé à jouer ont leurs obliques dirigées vers un même point A.

Sur l'équerre à onglet, on trace *nl* de même longueur que *nm;* autour du point *o*, la demi-circonférence est divisée en six parties égales.

Pl. 2. — Si l'on mène une verticale par l'extrémité d'une droite et une horizontale par l'autre extrémité, on estime souvent l'inclinaison ou la pente de cette droite par une fraction dont le numérateur est la verticale et le dénominateur l'horizontale. Toute la partie supérieure de cette planche donne des droites dont l'inclinaison varie de $\frac{1}{4}$ à $\frac{4}{4}$.

On obtient ces droites en commençant soit par la verticale, soit par l'horizontale ; par exemple, pour tracer la droite inclinée à $\frac{2}{3}$, je trace l'horizontale, je la divise en trois parties égales et je donne deux de ces parties pour longueur à la verticale.

Dans la partie inférieure, tracé de droites perpendiculaires entre elles.

Fig. 1. — Tracer d'abord l'horizontale *ab*, puis la verticale *bd;* diviser *ab* en trois parties égales aux points *m, n;* porter *bm* de *b* en *d* et joindre *md;* mener ensuite des parallèles et des perpendiculaires à *md*.

Fig. 2. — Tracer d'abord une droite *ab* légèrement inclinée, puis *cd* perpendiculaire sur le milieu *o* de *ab;* diviser ensuite les angles droits en trois parties égales, puis du point *e* une perpendiculaire sur *cd;* du pied *f* de cette perpendiculaire, mener *og* perpendiculaire sur la ligne suivante, et ainsi de suite. Tous les petits arcs indiquent des angles droits.

Pl. 3. — Pour dessiner la planche entière, on commence par tracer les grandes lignes horizontales *ab, cd, ef*.

Dans le dessin à vue, on suivra pour chaque figure l'ordre des lettres, c'est-à-dire qu'on tracera d'abord la ligne *ab*, puis les lignes *bc, ac, bd*, etc. Si l'on veut construire les figures au moyen des dimensions ou cotes, on devra suivre une autre marche pour la figure 13.

Les figures seront faites trois fois plus grandes au moins si on les fait séparément.

Pl. 4. — Les quatre figures de cette planche pourront être copiées de même grandeur ou séparément de toute la grandeur que permettra le tableau de l'élève.

Fig. 1. — Tracer d'abord le rectangle extérieur, puis les diagonales ; ensuite, par le point de rencontre des diagonales, on mène des parallèles aux côtés, et enfin par les extrémités de ces parallèles on mène des perpendiculaires sur les diagonales.

Fig. 2. — Tracer d'abord le grand rectangle extérieur, diviser les côtés en parties égales et joindre convenablement les points de division.

Fig. 3. — Tracer la verticale *ab*, puis les trois horizontales qui sont aussi longues d'un côté que de l'autre de cette verticale ; diviser ensuite ces horizontales en parties égales et joindre les points de division.

Fig. 4. — La figure est aussi comprise dans un rectangle. Les gros points indiquent la division des côtés en parties égales (remarquer que le côté inférieur est divisé en deux parties égales et qu'à gauche la division est en trois, tandis qu'à droite elle n'est qu'en deux). *(Voir, pour les observations à faire dans la copie à vue, méthode, 9e ex.)*

Pl. 5. — Au moyen des exercices indiqués fig. 1 et 2, on peut, à des élèves qui savent ce que c'est que la valeur d'un angle en degrés, demander de construire à la main un angle quelconque donné en degrés, à un ou deux degrés près.

Fig. 1. — *cd* perpendiculaire sur *ab* donne l'angle *bcd* de 90°; le point *e*, placé à égale distance des droites *cd* et *ca*, donne l'angle *eca* de 45°; la division en trois des arcs *ae*, *ed*, donne des arcs de 15°; la division en trois d'un de ces arcs donne des arcs de 5°.

La division en trois de l'arc *ad* donne des angles *dcg*, *gcf* et *fcb* de 30°; la division en trois d'un de ces arcs donne des arcs de 10°. La figure qui est au-dessous donne cette dernière opération sur la demi-circonférence entière. Sur cette figure, on peut voir que *bf* = *dg* = *rayon cd*.

Fig. 3. — Après avoir tracé *ab*, marquer les points *c*, *d*, *e*, *f*, *g*, *h*, *i*, et mener par ces points des perpendiculaires sur *ab*; sur l'une des perpendiculaires, porter les mêmes longueurs pour avoir les points *l*, *k*, *j*, *l*, *m*, *n*, et mener par ces points des parallèles à *ab*.

Fig. 4. — On se sert des lignes pointillées verticales *rc*, *sd*, pour déterminer les sommets *c* et *d*; on divise *da* en trois parties égales, et par les points *d*, *e*, *f*, on mène des parallèles à *ab* et à *ac*, etc.

Pl. 6. — Les figures de cette planche seront faites séparément et avec une grandeur double de celle donnée sur le modèle.

Fig. 1, 2 et 6. — Commencer par le contour extérieur, tracer ensuite les diagonales, puis les lignes intérieures.

Fig. 3. — Suivre l'ordre indiqué par les lettres et faire en sorte que les droites soient bien parallèles ou égales où elles doivent l'être.

Fig. 4. — Tracer d'abord les trois grandes verticales, puis les obliques parallèles dont partie est pointillée.

Fig. 6, 7 et 8. — Tracer d'abord les lignes pointillées pour avoir les lignes fortes inférieures; faire en sorte que les perpendiculaires soient bien tracées.

Pl. 7. — Si les élèves ne sont pas assez habiles pour tracer les circonférences à la main, ils emploieront une ficelle. Toutes les courbes sont des arcs de circonférences; les centres sont sur les circonférences, excepté l'arc *nr*, dont le centre est sur le milieu *e* de *ao* (*nc* est égal à la distance de *n* à *r*).

Dans la fig. 6, *ac* = *co* = *od* = *db*.

Pl. 8. — Tracer d'abord l'horizontale inférieure, puis les trois verticales pointillées, ensuite les verticales extérieures des tours, etc. *(les flèches sont également écartées)*.

Pl. 9 et 10. — Faire les figures séparément, deux fois aussi grandes si c'est possible; faire bien attention aux lignes pointillées, par lesquelles souvent il faut commencer.

Pl. 11. — Faire les figures trois fois aussi grandes; tracer sans interruption les droites qui sont cachées en partie, afin que les deux parties soient bien le prolongement l'une de l'autre. On efface ensuite les parties qui ne doivent pas paraître; faire bien attention au parallélisme ou à l'égalité des droites.

Pl. 12. — Si l'on employait un compas, on opérerait comme il suit :

Après avoir construit le carré *abcd*, on trace les diagonales, ce qui donne le centre *o*; on marque le milieu *e* de *on* parallèle à *ab*; on divise *en* en trois parties égales, puis on décrit du centre *o* les circonférences qui passent par les points de division *f*, *g*, et par le point *e*; on mène ensuite à ces trois cercles des tangentes horizontales, verticales, et d'autres parallèles aux diagonales; le dessin se trouve alors tout indiqué.

Ce qui est en dehors du carré *abcd* à droite et à gauche est le commencement du même dessin fait sur des carrés touchant le carré *abcd*.

Si l'on fait à la main, ou à la règle et l'équerre, mais sans compas, par le point *o*, rencontre des diagonales, on mène une horizontale et une verticale, et, à partir de *o*, on porte sur chacune de ces lignes les longueurs *oe*, *of*, *og* pour marquer tous les gros points, et c'est par ces points qu'on mène des parallèles aux diagonales et aux côtés du carré *abcd*.

Pl. 13. — Pour la partie supérieure, on commence par tracer des horizontales et des verticales également espacées, ce qui forme des carrés au moyen desquels on indique facilement le dessin; on efface ensuite les traits inutiles.

Fig. 1, 2 et 3. — Construire d'abord le triangle équilatéral *abc;* diviser la base en parties égales, et, par les points de division, mener des parallèles aux côtés *ac, bc;* tracer ensuite des horizontales où il y en a sur le modèle.

Pl. 14. — Fig. 1 et 2. — Commencer par l'axe *ab* et faire en sorte que les largeurs de chaque côté soient bien égales.

Fig. 3, 4, 5. — Placer d'abord la ligne *ab*, ensuite le point de concours *o;* la ligne *ef* se trace la dernière dans la fig. 3, au moyen des diagonales *ce, df;* dans la fig. 4, c'est lorsqu'on a tracé les diagonales *ac, bd* qu'on trace *ef*, et l'on finit par *af, df, bf, cf;* pour la fig. 5, il faut, après avoir placé *ab* et le point *o*, construire *abcd, efgh, ijkl;* ensuite tracer les lignes qui vont au point de concours *o* (on remarquera que *fo* est horizontal).

Pour la fig. 6, suivre l'ordre indiqué par les lettres.

Pl. 15. — Fig. 1. — Suivre l'ordre indiqué par les lettres.

Fig. 2. — Tracer d'abord le rectangle *abcv*, puis les lignes *fg* et *ih*; remarquer que *ek* est perpendiculaire sur *fg;* considérer qu'il y a plusieurs lignes parallèles à *fg* et d'autres qui lui sont perpendiculaires.

Fig. 3. — Tracer d'abord l'axe horizontal *ab*, ensuite indiquer avec soin la position des flèches verticales *e, c, d* qui partagent la longueur *ab* en quatre parties à peu près égales.

Pl. 16. — Dans toutes les figures, suivre l'ordre des lettres.

Fig. 3. — Les lignes *eb, fc, da* concourent en un même point.

Fig. 5. — Les lignes du haut de la figure sont moitié de celles du bas.

Fig. 6. — C'est après avoir tracé les diagonales qu'on mène par leur point de rencontre *o* la verticale *fg; of* = *og*, puis on joint les points *f* et *g* aux points *a, b, c, d.*

Pl. 17. — Commencer dans chaque figure par le tracé du parallélipipède *abcd, efgh*. Certaines lignes de la fig. 6 concourent au point *A*. Quelques lignes de la fig. 9 concourent au point *B*.

Pour que les figures soient bien faites, il faut tracer toutes les lignes pointillées en traits extrêmement fins qu'on efface en partie plus tard.

Pl. 18. — Pour dessiner des courbes d'une forme et d'une position déterminée, on se sert souvent de droites horizontales et verticales et de plusieurs autres droites dont la direction et la position sont indiquées par la figure à copier.

Fig. 1. — La courbe a la forme d'un arc de cercle; la verticale *ab* donne la hauteur et l'horizontale *bc* la largeur de la courbe; on remarquera que sa partie supérieure est tangente à la verticale, c'est-à-dire suit un instant une direction verticale, tandis que sa partie inférieure suit un instant la direction *ck;* la flèche *de* donne d'ailleurs la profondeur de la concavité.

(On comprendra bien ce que doit être une tangente à une courbe, en voyant, sur la fig. 7, que la droite tangente et la courbe doivent faire suite l'une à l'autre, et qu'il ne faut pas qu'il y ait jarret ou brisure, comme on le voit fig. 8).

Fig. 2. — L'extrémité inférieure de la courbe a une direction verticale *cb*, l'extrémité supérieure est tangente à l'horizontale *ab*, tout près du point *a*. Par rapport à la droite *ac* qui joint ses extrémités, la plus grande profondeur *ed* n'est pas au milieu, mais au tiers *ae* de la longueur *ac*.

Fig. 3. — La courbe est bien déterminée par les horizontales *ad, bc*, la verticale *ab*, la ligne *ef* et le point de contact *e*.

Fig. 4. — La courbe est donnée à peu près comme la précédente; la flèche *fg* donne un point *g* qui n'est pas inutile, car entre *c* et *e* on pourrait tracer suivant la ligne pointillée.

Fig. 5. — La partie supérieure de la courbe est assez bien déterminée par les tangentes horizontales et verticales et les points de contact *f, l, k, j;* la partie inférieure est déterminée par la direction *am* et par la tangente *gh* au point d'inflexion *i* de la courbe.

Fig. 6. — Toutes les droites qui sont tracées sur cette figure font voir les moyens qu'on peut employer pour en établir les différentes parties; on voit ainsi, au moyen des horizontales, si quelques points sont à même hauteur, ou de combien l'un est plus haut que l'autre; au moyen de verticales, on voit si les points sont directement au-dessus l'un de l'autre, ou de combien l'un est à droite ou à gauche de l'autre.

Pl. 19. — Commencer les figures par le tracé des verticales, marquer ensuite sur ces verticales les points de passage des horizontales, et les tracer après avoir bien comparé les hauteurs entre elles et avec celles du modèle.

Pl. 20. — Pour chaque figure qu'on peut faire avec des dimensions doubles, on commencera par le tracé des lignes pointillées; on marquera les gros points, et enfin le dessin des ornements.

Pl. 21. — Il n'y a que les axes verticaux des figures qui sont tracés. L'élève devra tracer sur son tableau toutes les lignes pointillées que nous aurions pu tracer sur le modèle comme sur la planche précédente pour aider à la copie des figures.

Pl. 22. — Cette planche donne deux demi-figures; l'élève les fera séparément, mais il les complétera de manière qu'il y ait symétrie parfaite. Il faut pour cela que chaque point qu'il placera d'un côté de l'axe ait son correspondant de l'autre côté, à la même distance de cet axe et à la même hauteur. Les tangentes *ed*, *lk* aux points d'inflexion sont très-importantes.

Pl. 23. — Pour copier une figure de ce genre, il faut tâcher de voir quelles sont les parties qui se trouvent au milieu, au tiers ou au quart de la hauteur ou de la largeur, et comme dans toute autre figure, commencer par les grandes divisions, dans lesquelles on fait entrer les détails.

Pl. 24. — Commencer par les axes et les grandes divisions indiquées par les lignes pointillées, et terminer les deux figures qui ne sont qu'un peu ébauchées à gauche.

Pl. 25. — Les carreaux étant construits et numérotés, l'élève n'aura qu'à bien suivre le passage du trait du dessin sur les lignes numérotées, et à dessiner ensuite la partie comprise dans chaque carreau.

Pl. 26, 27, 28 et 29. — Ces modèles ne peuvent pas être placés loin des élèves; le maître pourra en imiter quelques-uns et les dessiner trois fois aussi grands; pour les figures symétriques, il ne dessinera qu'un côté, et les élèves, après avoir imité cette moitié, feront l'autre côté, en y mettant le temps convenable.

Pl. 30, 31, 32, 33, 34. — Pour toutes les figures, commencer par tracer les axes verticaux et les autres lignes pointillées; pour les compas, commencer par les deux droites qui s'appuient sur l'intérieur des branches; pour l'escalier, on remarquera que les longues arêtes des marches se dirigent toutes vers le même point.

Les ovales réguliers, dont le vrai nom est *ellipse*, sont très-difficiles à bien dessiner, si l'on n'en a fait une étude spéciale. Quand on n'en voit qu'une partie, comme au fond de la carafe et pour le plateau qui la supporte, on est plus sûr de bien faire en la dessinant d'abord tout entière. Dans le dessin de la lampe, commencer par l'axe vertical, ensuite remarquer les horizontales pointillées qui partagent les moulures en masses égales.

Pl. 35. — *Appareil servant à la distillation de l'eau.* — A est la marmite ou cucurbite, B le couvercle ou chapiteau, C le serpentin qui plonge dans l'eau renfermée dans un grand vase cylindrique D. Cette eau vient froide par un robinet E, pénètre en F dans le cylindre et sort par le tube G. L'eau placée dans la cucurbite étant chauffée, passe à l'état de vapeur dans le chapiteau dans le tuyau H, puis dans le serpentin; ce dernier étant refroidi par l'eau du cylindre, condense la vapeur qui coule en eau par le bout I du serpentin dans le vase K, où on la recueille.

Pl. 36. — *Balance Quintenz (bascule).* — L'explication de cette machine est trop au-dessus de ces simples exercices pour être donnée ici.

Pl. 37 (1). — Dans le dessin de la grille gothique, on doit d'abord établir les horizontales et les verticales, puis faire le tracé comme dans la moitié inférieure.

Pl. 38. — Cette planche peut servir à en faire quatre, en répétant chacun des angles quatre fois autour d'un même point.

(1) Cette planche est tirée de la collection des fontes ornées de M. Barbezat et Cie.

Pl. 39. — Nous n'avons pas la prétention de donner sur cette planche un modèle de paysage sous le rapport du coup de crayon pittoresque ; c'est tout simplement une forme à imiter, des rapports de grandeur et de position à observer. Les lignes pointillées font voir que les lignes parallèles dans la réalité concourent toutes en un même point sur le dessin, ce à quoi il faut bien penser lorsqu'on dessine le paysage.

Pl. 40. — Tracer d'abord le bâton, puis la courbe continue qui l'entoure, ensuite les plus étendues pour finir par les détails.

Pl. 41 et 42. — Étau à griffes et pompes à incendie. Ces deux planches servent d'étude pour croquis d'ensemble de machines.

Pl. 43, 44, 45 et 46. — Ces planches peuvent servir, comme toutes les autres, pour les études de dessin à vue ; mais elles sont entièrement cotées et sont destinées spécialement à préparer à l'étude des constructions géométriques et des levés.

Les élèves sont toujours tentés de ne pas écrire les cotes, lorsque le dessin est terminé ; l'écriture des cotes, faite convenablement, est cependant d'une extrême importance ; on veillera donc à ce qu'ils n'en négligent aucune. Si les élèves construisent ces dessins sur le papier à une échelle réduite, il est utile de leur dire qu'il faut écrire les mêmes nombres que sur le grand modèle, quelle que soit la réduction du dessin.

Pl. 47, 48, 49 et 50. — Les élèves qui auront travaillé sur les planches précédentes devront pouvoir copier ces modèles, en suivant une marche rationnelle ; ils se contenteront sur le tableau du simple trait, accentué de traits d'ombre ; sur le papier seulement, ils pourront teinter un peu leur dessin pour obtenir un effet plus complet.

FIN.

Rennes, typographie Oberthur et fils, faubourg de Paris, 18.

PL. 1re

Ligne droite.
Ligne courbe.
Ligne brisée.
Lignes parallèles.
co. perpendiculaire sur ao.
angle droit.
ao. oblique sur bo.
Obliques.
Fil à plomb.
Verticale
Horizontale.
Angle
Côté
Côté
s. sommet.
Angle aigu.
Angle obtus.
Polygone.
Diagonale.
a b c d e f. sommets
Tangente
normale
e point d'inflexion.
o. point de contact.
Figure symétrique.
Axe de symétrie.
Figures semblables.
Triangle équilatéral.
hauteur
base
Triangle isocèle.
Triangle rectangle
Triangle rectangle.
Quadrilatère.
Parallélogramme
Rectangle
Losange
Carré
Trapèze.
Trapèze.
Circonférence.
Sécante.
Corde.
diamètre
rayon.
flèche
tangente.
Circonférences concentriques.
Couronne.
Circonférences tangentes.
Segment.
Secteur.
Figures inscrites et circonscrites.
Figures ou Solides obliques.
Prisme
Cube
Parallélipipède, Cylindre.
Cône.
Pyramide.
Troncs,
de pyramide
de cône
Tronc de prisme.

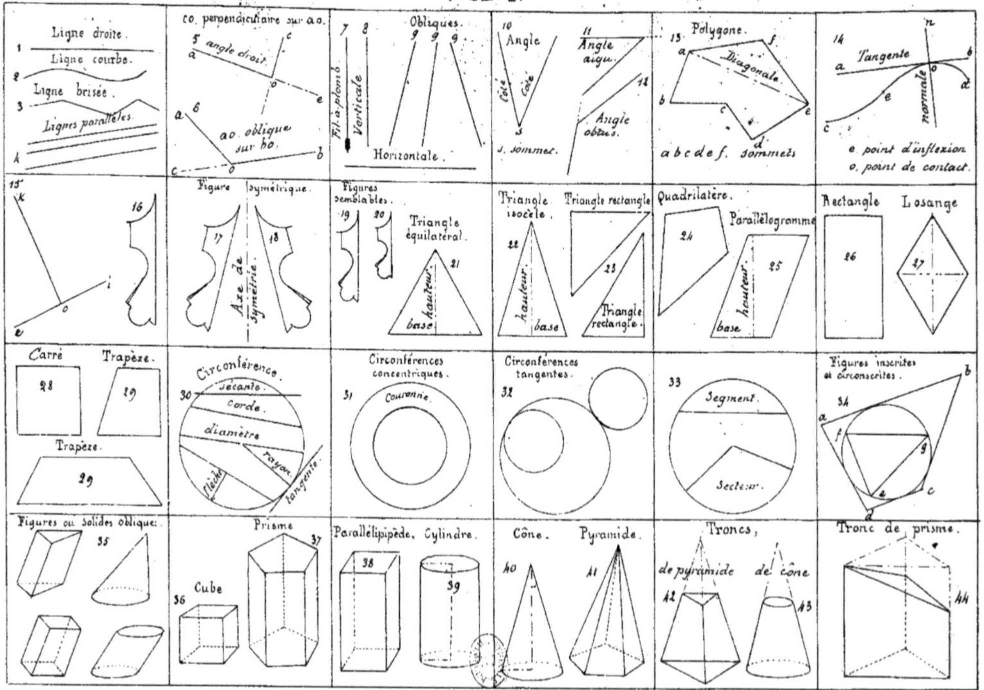

PL. 2.

PL. 3.

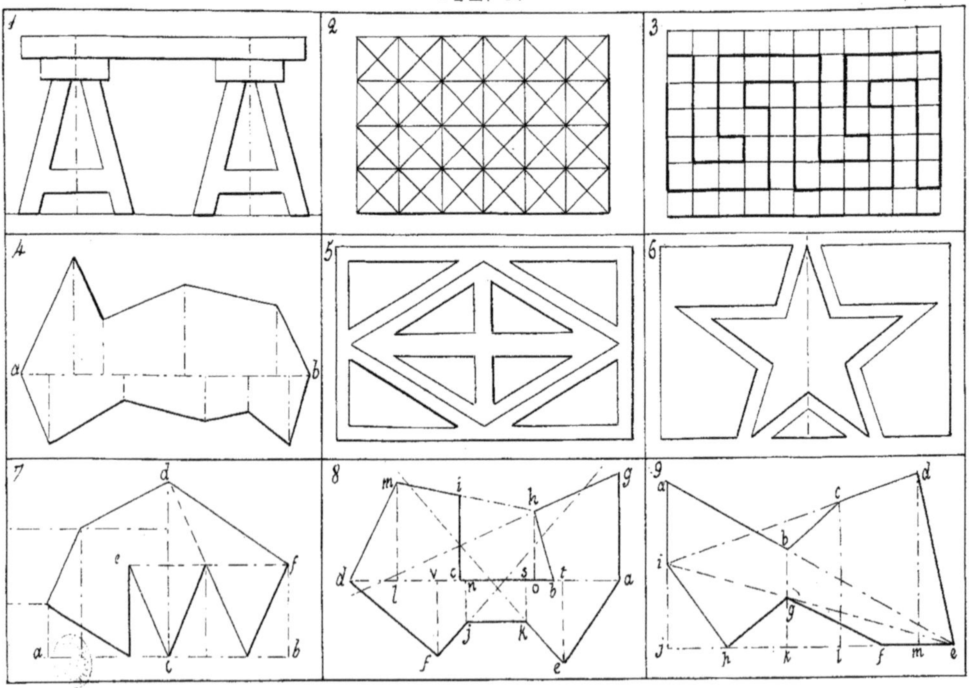

PL. 4.

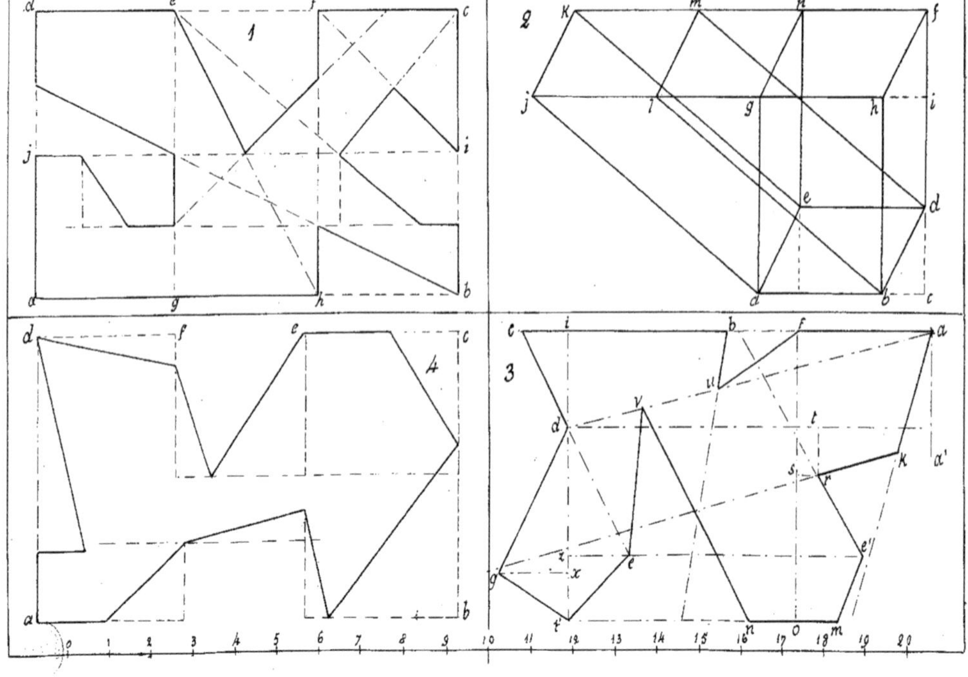

.PL. 5.

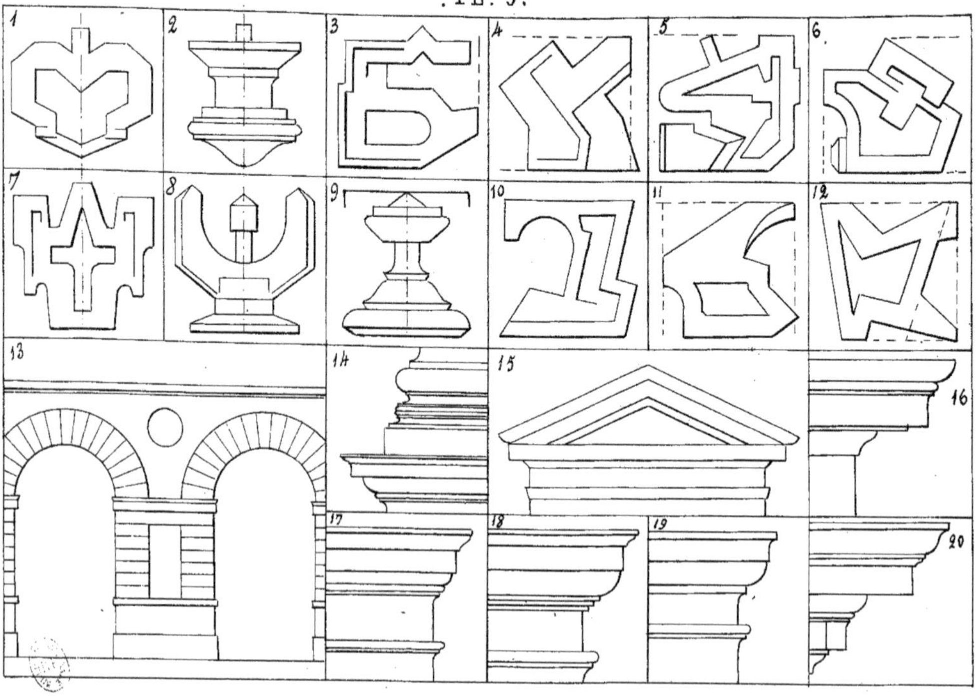
1
2
3
4
5
6.
7
8
9
10
11
12
13
14
15
16
17
18
19
20

PL. 6.

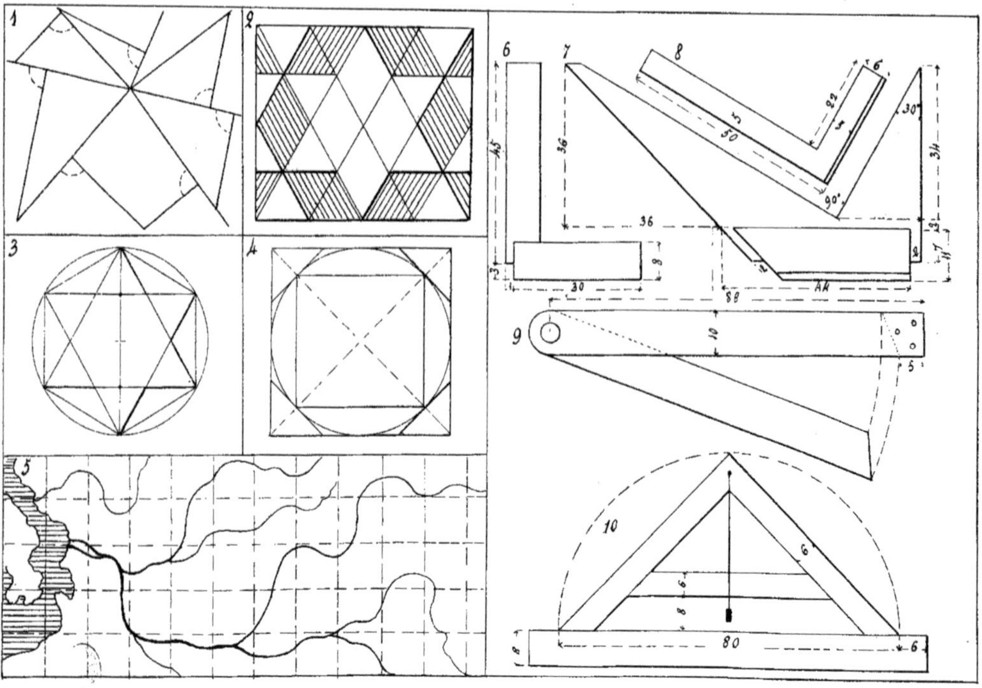
1
2
3
4
5
6
7
8
9
10
45
36
36
30
3
8
50
22
6
5
4
30°
90°
34
3
7
11
2
44
88
10
5
6
8
80

PL. 7.

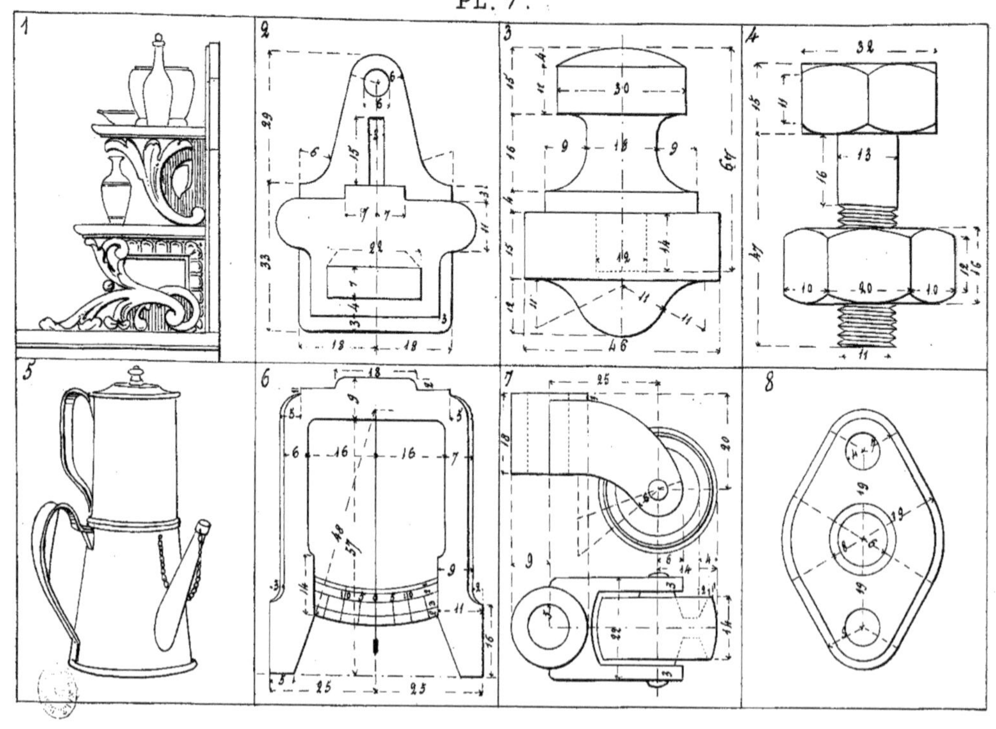

PL 8

PL. 9.

1

2

3

PL. 10

PL. 11.

1 2 3

4 5 6

fig. 7

PL. 12.

1 2 3 4

5

PL. 13.

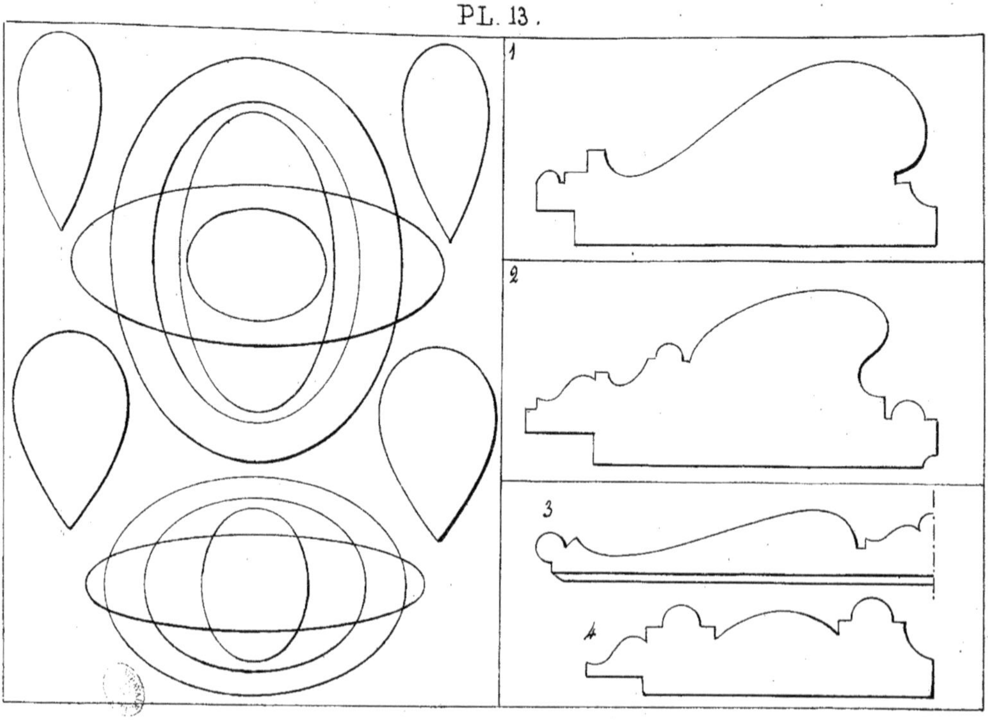

PL. 14.

PL. 15.

PL. 16.

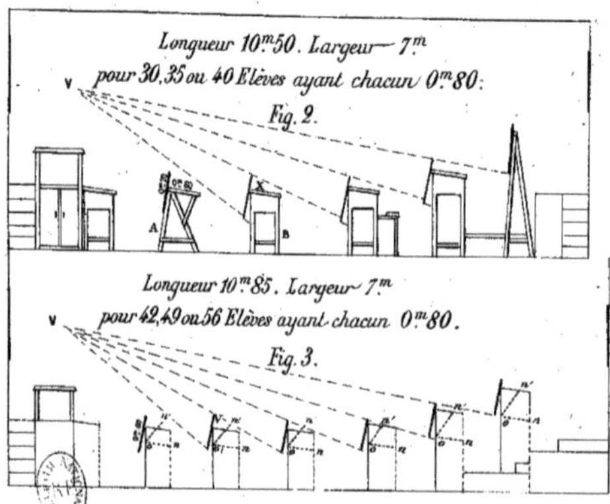

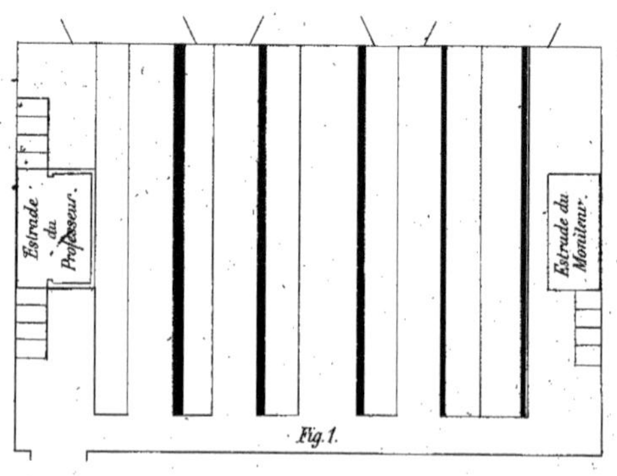

PLAN ET COUPE D'UNE SALLE SPÉCIALEMENT ÉTABLIE POUR FACILITER LA NOUVELLE MÉTHODE D'ENSEIGNEMENT.

Nous avons étudié à plusieurs reprises la disposition des tables et des tableaux; après beaucoup de tâtonnements, nécessaires pour arriver au meilleur résultat, il nous est resté la certitude qu'on peut établir, dans une salle donnée, un matériel commode et pour un aussi grand nombre d'élèves qu'avec les tables ordinaires.

Les croquis ci-dessus donnent : fig. 1, le plan d'une salle ne contenant que cinq tables, qui ont 0m60 de largeur; l'espace qui reste libre entre les tables varie de 0m75 à 1 mètre; les tableaux peuvent avoir 0m70 de hauteur et leur bord inférieur serait élevé de 0m65. La coupe de cette salle est donnée fig. 2. Le professeur, placé sur son estrade, voit du point *V* tous les tableaux.

La fig. 3 donne la coupe d'une salle qui contiendrait sept tables larges de 0m50; les tableaux pourraient avoir 0m60 de largeur, leur bord inférieur serait élevé de 0m63.

Les tables sont de deux sortes : avec casiers et sans casiers. Le profil d'une table sans casiers est donné en A, fig. 2.

Chaque table peut avoir 1, 2, 3 ou 4 casiers, selon le nombre des classes suivant séparément le cours de dessin.

Au moyen d'une construction particulière, les tables, larges de 0m60, ou même de 0m50 seulement, sont très-commodes; et, si elles ont des casiers, voyez B, fig. 2, elles ne laissent rien à désirer; chaque élève a une place de 0m80, libre de toutes les choses qui gênent le mouvement des planchettes, comme verres, godets, instruments, modèles, etc., lesquels sont déposés dans une partie creuse en *x*, fig. 2.

Pour employer les tables ordinaires des élèves, il suffit d'une barre horizontale soutenue à une hauteur convenable par deux pieds; on attache les tableaux sur cette barre.

Des tables pourraient être construites de manière que le dessus, noirci, puisse tourner à charnière autour de *o*, fig. 3, et de *on* monter en *on'*.

www.ingramcontent.com/pod-product-compliance
Ingram Content Group UK Ltd.
Pitfield, Milton Keynes, MK11 3LW, UK
UKHW022148190726
13855UKWH00004B/1387

9 782013 270991